VITICULTURE

RAPPORT

SUR LES TRAVAUX DU DOCTEUR J. GUYOT

(C.)

VITICULTURE

RAPPORT

PRÉSENTÉ

A LA SOCIÉTÉ D'AGRICULTURE, COMMERCE, SCIENCES ET ARTS
DU DÉPARTEMENT DE LA MARNE

SUR LES

TRAVAUX DE M. LE Dᴿ J. GUYOT

PAR

M. PASCAL DUGUET

MEMBRE RÉSIDANT

SÉANCE DU 15 JANVIER 1867

CHALONS-SUR-MARNE

T. MARTIN, IMPRIMEUR-LIBRAIRE, PLACE DU MARCHÉ-AU-BLÉ.

—

1867

VITICULTURE

RAPPORT

TRAVAUX DE M. LE Dᵣ JULES GUYOT.

MESSIEURS,

Vous avez reçu de M. le Ministre de l'Agriculture,
du Commerce et des Travaux publics le rapport de
M. le docteur Guyot sur la viticulture des départements de l'Aube, Côte-d'Or, Saône-et-Loire, Yonne,
Cher, Allier et Nièvre.

L'auteur, qui n'oublie pas la sympathie avec laquelle
vous accueillez ses publications, vous a également fait
hommage de ce dernier travail.

Avant de vous en rendre compte, permettez, Messieurs, que nous commencions par remercier M. Guyot
et que nous consignions ici l'expression du vif intérêt
que partout soulèvent ses publications, et particulièrement près de vous.

Placée au centre d'un département dont l'industrie viticole est des plus étendues, reliée également, par ses rapports, avec un commerce considérable, la Société académique de la Marne ne peut qu'accueillir avec empressement tout ce qui touche à l'une de nos productions les plus précieuses, les plus fécondes en travail comme en prospérité pour nos populations.

Le docteur Guyot a été, vous le savez, Messieurs, chargé depuis plusieurs années, par M. le Ministre de l'Agriculture, de parcourir les principaux vignobles de France, de recueillir les diverses pratiques appliquées à la viticulture comme à la vinification, de les contrôler en quelque sorte, de signaler surtout celles que les données de la science, d'accord avec la pratique, relèvent comme les plus normales.

En portant ces études à la connaissance des propriétaires, en mettant des exemples sous leurs yeux, on provoquera des essais qui viendront ou confirmer la raison d'être des pratiques locales, ou déterminer à les remplacer par d'autres plus rationnelles, plus intelligentes et surtout plus profitables.

Tel est, Messieurs, l'objet de la mission confiée au docteur Guyot.

Il fallait tout d'abord un homme versé théoriquement et pratiquement dans tout ce qui constitue la viticulture, ayant cette ferme conviction qui ne recule devant aucune des difficultés, des amertumes peut-être qu'il pouvait rencontrer sur son chemin.

Quels que soient en effet la valeur et le mérite de quiconque se présente, sinon en réformateur, du moins avec l'intention de scruter à fond, de discuter avec les intéressés eux-mêmes, des pratiques conservées religieusement d'âge en âge, celui-là doit s'attendre à rencontrer de grandes préventions et certaines incrédulités. Ce n'est donc pas seulement de la bonne volonté qu'il lui faut : la foi et un certain courage lui sont indispensables.

Les travaux du docteur Guyot répondront-ils à la pensée libérale qui les a provoqués? Les propriétaires devront-ils à cette pensée une production tout à la fois plus considérable et plus économique, et la fortune publique recevra-t-elle ainsi un nouvel accroissement? L'avenir seul nous le dira.

Mais empressons-nous de reconnaître qu'une telle mission ne pouvait être donnée à une intelligence plus étendue, à un dévouement plus entier, et disons aussi que déjà une grande lumière s'est faite depuis cette si considérable entreprise, que l'ère de réformes sérieuses est imminente et que tout les réclame.

En tardant à vous rendre compte des premiers

rapports que vous m'avez renvoyés, je voulais attendre les conclusions générales, une sorte de résumé complet.

Ce résumé n'existe pas encore : il reste quelques départements à visiter, et, pour celui de la Marne, à consigner les études dont il a été l'objet, M. Guyot ayant, en 1865, parcouru nos principaux vignobles.

Une grave maladie l'a forcé d'interrompre ses travaux, et le rapport de 1864 vient seulement de paraître.

Cependant, comme déjà 56 départements ont été appréciés, que le dernier rapport, comprenant les riches et célèbres vignobles de Saône-et-Loire, Côte-d'Or, etc., renferme des indications du plus haut intérêt, précieuses par la logique et la sincérité qui les appuient, j'ai cédé à mon impatience de les signaler à votre attention comme à celle de nos viticulteurs.

Si les théories exposées par le savant docteur sont exactes et se concilient avec les lois de la nature et une saine pratique, leurs applications devront amener de grandes réformes ; que si, au contraire, le système qui en découle n'est ni partout admissible, ni surtout plus économique, il devra être repoussé, justice en sera faite ; la raison d'être des méthodes actuelles sera affirmée une fois de plus et de telle sorte qu'aucun novateur n'osera plus proposer d'y toucher.

Cette sorte de type cultural que l'on a déjà baptisé du nom de SYSTÈME GUYOT, M. Guyot n'en revendique nullement la paternité ; il déclare au contraire l'avoir rencontré en certains vignobles. Il ne fait que le mettre en lumière en le comparant avec d'autres. Ce n'est pas un enfant créé par lui, ce n'est qu'un enfant trouvé. Il se contente d'exposer le système en l'entourant de ses plus chaleureuses sympathies et avec la précaution de le débarrasser de certaines formules, afin de le montrer dans toute sa nature et sa vérité.

Il ne s'agit donc nullement de remplacer par une nouveauté des méthodes séculaires. Qui donc serait assez téméraire pour le proposer ?

Il s'agit seulement de dire assez haut pour être entendu : Voyez, jugez et comparez.

Quant à nous, après une étude dégagée, croyons-nous, d'un enthousiasme exagéré, notre conviction étant faite, bien faite, et corroborée par l'intelligence pratique de notre maître vigneron, nous croyons qu'il y a quelque chose de mieux à faire que ce qui se fait dans nos contrées, et nous n'avons pas hésité à faire l'application de ce système sur une plantation de 30 verges (13 ares), créée tout exprès il y a trois ans. Nous venons d'en établir deux autres, comportant 116 verges (50 ares), et nous comptons vous appeler à juger *de visu,* en 1867, les résultats que donnera la première.

Entre les mains de M. Guyot, cette étude n'est pas restée seulement une question de culture ; elle a pris d'autres caractères ; il lui a donné les proportions d'une question d'économie sociale, et, à ce titre, une grande place dans ses travaux.

Sous ce nouvel aspect, son examen n'est pas ici hors de propos ; vos travaux l'autorisent, permettez-moi, Messieurs, de l'aborder aussi.

Notre examen portera donc sur chacun des points traités par M. Guyot :

1° Puissance colonisatrice de la vigne ;

2° Viticulture proprement dite ;

3° Combinaisons propres à fixer les populations viticoles et à améliorer la situation des propriétaires.

I

Un des principaux fondements de la richesse de la France, nous dit l'auteur, lui vient de la culture de la vigne.

Cette culture, pour laquelle, grâce à notre climat général, nous avons, sinon un certain monopole, du moins une incontestable suprématie, nous donne et nous donnera toujours, plus que toute autre, population et fortune. Plus elle s'étendra, plus grandiront l'une et l'autre, contrairement à cette opinion que c'est à la production des céréales et des fourrages, à l'élève et à l'engraissement du bétail qu'il faut les demander.

Il y aurait donc un intérêt supérieur à provoquer le développement de la culture de la vigne.

A l'appui de cette thèse qu'il soulève, discute et soutient, M. Guyot établit d'abord un parallèle entre les cultures en général et celle de la vigne en particulier, entre ce qu'il appelle la puissance colonisatrice des unes et des autres, puis entre les revenus qu'elles procurent et peuvent procurer.

« La véritable expression de la richesse d'un sol,
» dit-il, est dans le chiffre de la population qu'il en-
» tretient. »

Pour reconnaître si cette affirmation est exacte, il
suffit de comparer quelles sont les contrées qui nécessitent et fixent les populations les plus nombreuses.

Est-ce celles dévolues à la grande culture, ou bien
celles affectées à la vigne?

En d'autres termes, quelles sont les productions
qui réclament la plus grande somme de familles et
les entretiennent en les faisant vivre.

Ce qui attire et fixe les familles, c'est la demande
continue de la main-d'œuvre, c'est là un fait incontestable. Partout où cette main-d'œuvre est grandement et forcément réclamée, les populations affluent,
que ce soit l'industrie, le commerce ou la culture qui
procurent cette main-d'œuvre. L'exception à cette loi
ne se rencontre qu'en certaines situations spéciales
que l'on pourrait en quelque sorte appeler primor-
diales.

Nous n'avons pas à nous occuper ici, où il ne
s'agit que de cultures, de la main-d'œuvre industrielle
ou commerciale, et cependant comme il y a lutte et
concurrence entre ces divers facteurs, peut-être
aurons-nous occasion d'y revenir.

Il nous faut seulement établir quelles sont les cultures qui réclament le plus de main-d'œuvre, celles par conséquent qui appellent et peuvent fixer le plus grand nombre de familles.

Nous suivrons pour cela M. Guyot dans la classification très-exacte qu'il pose de celles à basse, à moyenne et à haute main-d'œuvre ; nous lui ferons bien des emprunts, avec le regret que le cadre de notre travail nous force à les restreindre.

« Parmi les premières, il faut évidemment placer
» les maigres pacages, les marais à litières, les forêts,
» les pâturages et les prairies naturelles.

» La moyenne est représentée par la grande classe
» des céréales et des prairies artificielles, puis les
» cultures industrielles telles que les plantes fécu-
» lentes, les oléagineuses, les textiles, etc., etc.

» La haute main-d'œuvre comprend les cultures
» potagères et fruitières, les plantes saccarifères, le
tabac, les mûriers, etc., et enfin celles vinifères. »

Les premières ne nécessitent directement que peu ou point de bras ; les secondes en réclament davantage ; quant aux dernières, elles en exigent un nombre considérable et pour un temps beaucoup plus long.

En effet, les grands espaces cultivés en céréales, prairies artificielles et certaines plantes industrielles, ne présentent que quelques fermes isolées ou attenant à des villages plus ou moins éloignés eux-mêmes les uns des autres.

Ces fermes, qui comptent des centaines d'hectares, ne donnent l'existence qu'à des familles peu nombreuses eu égard aux vastes périmètres qu'elles embrassent, le plus souvent à des serviteurs célibataires, ouvriers nomades presque toujours, ne se posant à demeure nulle part, et nulle part non plus ne faisant souche.

Telles sont les conditions de la Beauce, de la Brie, du Soissonnais, de la Picardie. Je ne parlerai pas de notre Champagne, à cause des grands espaces que leur stérilité semble avoir voués à la solitude, et pourtant, si on compare la population de ses parties les plus fertiles, consacrées à la culture proprement dite, avec les parties où la vigne règne presque en souveraine, ici on rencontre de nombreux villages groupés près les uns des autres, tandis que là ils sont séparés par de grandes distances.

Mais prenons nos exemples dans les départements où règnent tout à la fois la grande culture des céréales et la grande culture de la vigne, tels notamment que Saône-et-Loire, Yonne, Aube et Côte-d'Or ; nous trouverons dans la patrie de la vigne les populations infiniment plus denses et plus rapprochées les unes des autres.

Dans l'ensemble des huit départements cités plus haut, les proportions sont celles-ci :

La vigne occupe le 27ᵉ de leur superficie ; son produit brut constitue le quart du produit brut général, et ce produit fournit le budget normal de tout près du quart de la population totale.

Prenons encore ailleurs les Savoies, le Jura, l'Ain, la Loire et le Rhône.

« La vigne, dans ces départements, n'occupe que
» du dixième au trentième de leur superficie totale, et
» chaque hectare de vigne fait naître et vivre au moins
» quatre individus, tandis qu'il faut plus de dix hec-
» tares d'autres cultures pour donner un résultat
» approché en population. »

Entrons dans quelques détails : ils nous donneront la proportion du nombre de familles ou d'individus entretenus et vivant, soit des travaux de la ferme, soit de la culture de la vigne.

Supposons, comme M. Guyot, deux exploitations chacune de vingt-cinq hectares, et mettons en regard les produits bruts de l'une et de l'autre.

Une ferme de 25 hectares en bonnes moyennes terres, occupée par un ménage de trois personnes adultes, aura certes un personnel suffisant. Tout au plus lui faudra-t-il, pendant deux mois de moisson, deux auxiliaires, soit donc une moyenne de 3 personnes 1/3.

En évaluant la moyenne du travail de vigne à la tâche exécuté par un ménage de 4 personnes adultes, à 1 h. 75 ou 4 arpents de nos contrées, on est à peu près dans le vrai ; il faudra donc, pour les 25 hectares, 14 ouvriers, c'est-à-dire près de cinq fois plus que pour la ferme.

En dehors des principaux travaux en tâche, ces ouvriers trouveront en outre dans ceux d'hiver ou d'été, tant intérieurs qu'extérieurs, une occupation constamment assurée et rémunératrice.

Donc, la vigne fournit des éléments de travail plus multipliés que la ferme, nécessite et entretient une population plus nombreuse, et, M. Guyot a parfaitement raison, la vigne est éminemment colonisatrice.

Les produits bruts seront-ils plus élevés aussi ? Car il faut ce second terme pour justifier la plus-value de l'une ou de l'autre et l'intérêt qu'on doit y attacher.

25 hectares de terres neuves mises en culture donneront, après 6 ou 7 ans d'avances de toute nature, un produit brut de 7,185 francs.

Ce total, divisé par 25, donne pour produit brut moyen de chaque hectare, 287 francs.

25 hectares de vignes en fins cépages, pris dans
un certain nombre de nos meilleurs vignobles, donneront, en tenant compte de tous les accidents possibles, intempéries, maladie, insectes, 14 à 15 pièces
chacun, valant, l'une dans l'autre, au moins 150
francs, soit donc par hectare un produit brut minimum de 2,100 francs, et pour les 25 hectares,
53,000 francs.

Les vignobles inférieurs donnent une quantité bien
plus considérable ; le prix est moindre, et cependant
le produit brut reste au moins le même.

Le produit brut de l'hectare de vigne est donc sept
fois et demi plus élevé que celui de la ferme.

Le prix comparatif de la main-d'œuvre donne, lui
aussi, l'appréciation des différences que présentent,
au point de vue des salaires, ces deux modes d'exploitation du sol.

Le prix moyen de la main-d'œuvre de chaque hectare de ferme ne s'élève pas au-dessus de 30 à 40 fr.,
tout compris, culture, récolte, etc., tandis que celui
d'un hectare de vigne ne saurait être évalué à moins
de 4 à 500 fr.; dans certains vignobles de la Marne,
il s'élève souvent au double.

Ce sont ces diverses comparaisons qui font dire à
M. Guyot que « la vigne nourrit de cinq à dix fois

2

» plus d'ouvriers manuels que la ferme ; que plus la
» culture de la première s'étendra, plus elle se perfec-
» tionnera, plus la colonisation viticole augmentera,
» tandis que la ferme subit une loi diamétralement
» opposée.

» Les batteuses, moissonneuses, faneuses tendent
» à diminuer la main-d'œuvre, ce qui est un progrès »
et un remède, ajoutons-nous, à une situation de
plus en plus difficile. « Mais, sous peine de dé-
» peupler les campagnes et d'encombrer les villes,
» il faut reporter cette main-d'œuvre sur des cultures
» plus riches, et c'est principalement la vigne qui en
» donne le moyen. »

Que cette citation ne fasse pas supposer, toutefois,
que M. Guyot prétende que la culture de la vigne
puisse et doive se généraliser partout; non, telles ne
sont pas ses conclusions, et si telles elles se présen-
taient, nous ne saurions nous y associer; ses conclusions ne s'adressent qu'au possible.

Et encore, en présence de cette énonciation que
l'extension de cette culture produira infailliblement
l'accroissement de la population rurale, laquelle tend
chaque jour à diminuer, et que la richesse publique
grandira parallèlement, de sérieuses réserves sont
autorisées.

Les populations qui, entraînées par l'appât d'une main-d'œuvre plus assurée et plus rémunératrice, viendraient à la vigne, évidemment feraient le vide ailleurs. Ce ne serait donc ainsi et tout d'abord qu'un déplacement. Et pour que ce déplacement produise le principal effet entrevu, c'est-à-dire l'accroissement de la population en général, il faudrait qu'après s'être implantées, les familles renonçassent à ces tristes calculs qui limitent leur propre accroissement.

Trois choses capitales seraient donc à réaliser pour que la vigne, déjà éminemment colonisatrice, le devînt dans les proportions espérées :

1° Déplacement des individus ;

2° Leur fixation au moyen d'un intérêt supérieur ;

3° Augmentation du nombre des enfants dans chaque ménage.

La réalisation plus ou moins prochaine des deux premières peut être entrevue dans une certaine mesure, mais le couronnement ne peut être obtenu qu'à la dernière de ces conditions : elle est la clef de voûte de l'édifice.

Ajoutons (pour jeter quelque jour sur une situation qui paraît inquiétante et semblerait demander plutôt une certaine restriction) que nos propriétaires ne doivent pas se laisser prendre d'un trop grand découragement en présence des difficultés qui les entourent et de l'élévation incessante des frais d'exploitation, quand les produits restent stationnaires, eu égard aux quantités récoltées.

La consommation intérieure, l'exportation de nos vins de Champagne, comme celle de tous les vins de France, a pris et prend chaque année une extension incessante. L'amélioration dans l'alimentation générale, la diffusion et le besoin du bien-être dans toutes les classes de la société, qui, lui aussi, ne s'arrête pas, les conditions plus favorables offertes par les traités de commerce conclus avec toutes les nations, telles sont les diverses causes qui produisent cette extension. Les tableaux officiels de nos exportations en fournissent la preuve, celui des revenus indirects de l'année qui vient de finir présente sur 1865 une augmentation de 15 millions pour les boissons, et une augmentation de 24 millions sur 1864 et 1865 réunis.

Malgré l'introduction dans toutes les contrées des vins du Midi, par suite du développement des voies ferrées, les vins de consommation restent aux mêmes prix; sans cette importation, ils seraient à un taux excessif.

Quant aux vins fins de notre Champagne, la progression de leurs prix est des plus manifestes et des

plus sensibles, malgré aussi l'introduction considérable de vins étrangers à cette province.

Nos vignobles de première classe, entretenus de
fins cépages, sans aucune mésalliance, ont vu la
demande ne pas s'arrêter et les prix s'élever successivement ; les autres en éprouvent une amélioration
proportionnelle.

L'encombrement des produits ne paraît donc pas
plus à redouter que l'avilissement des prix, à moins,
bien entendu, d'évènements extraordinaires après
lesquels les mouvements naturels et l'équilibre ne
tardent pas à reparaître ; témoin l'année 1848, et
témoins aussi la reprise et l'activité des transactions
quand la sécurité et la confiance sont revenues.

Les faits accomplis depuis vingt ans autorisent ainsi
à affirmer que la consommation continuera à pro-
gresser ; que l'insuffisance actuelle, en Champagne
comme ailleurs, aura peine à disparaître ; que, pour
nos vignobles particulièrement, plus ils développeront
la culture de la vigne et sa production, plus ils feront
obstacle aux vins étrangers et retiendront dans notre
département des profits qui s'en vont ailleurs.

II

Nous arrivons maintenant, Messieurs, à la viticulture proprement dite, et à l'examen de cette partie des rapports de M. Guyot.

La culture de la vigne est-elle partout basée sur les lois de la physiologie végétale, sur les besoins réels de ce précieux arbuste?

Ne rencontre-t-on pas au contraire des pratiques en contradiction formelle avec ces lois comme avec ces exigences, et condamnées tout à la fois par la théorie comme par les résultats?

Telles sont les deux principales questions auxquellss vont répondre les faits relevés par M. Guyot dans ses visites de 56 départements.

Ce véritable pionnier de la viticulture a rencontré une foule de méthodes plus ou moins bizarres, plus ou moins étrangères les unes aux autres. Un volume ne suffirait pas pour les énumérer et les expliquer.

Dans certaines contrées, on applique à la vigne des

mutilations excessives, dans d'autres, on lui laisse une expansion considérable. Ici, ce sont des souches fixes plus ou moins élevées, ne se déplaçant jamais de l'endroit où le plant a été assis ; là, au contraire, une des pousses de l'année est recouchée, enterrée, quelquefois en observant une certaine régularité, quelquefois sans l'observation d'aucune. On rencontre des souches constituées en tête de saule ou de plant d'osier ; quelques-unes contournées en cercle, en forme de vases, de quenouilles ; des sarments sont tenus verticalement, d'autres horizontalement. Et combien d'autres formes encore dont la nomenclature serait en quelque sorte impossible !

Il existe cependant deux divisions bien tranchées, mais se ramifiant à l'infini. « Dans l'une, les sarments » qui sont le produit de la plantation primitive sont » recouchés en sens divers, de façon à couvrir le sol » le plus complètement possible. Le provignage et le » recouchage sont la base de cette culture ; c'est la » méthode suivie dans la Haute-Champagne et la » Bourgogne.

» Dans l'autre, au contraire, la ligne primitive est » toujours conservée pendant l'existence de la vigne, » qui vit ainsi constamment sur sa souche originelle. » C'est la culture du Médoc, presque celle de Chablis et de quelques autres vignobles encore, mais s'en éloignant plus ou moins.

Quant aux modes de soutènement ou d'appui, ils varient aussi à l'infini.

On rencontre des vignes soutenues sur de véritables bâtiments, comme dans le Bas-Rhin. Ce sont des charpentes compliquées, dispendieuses, incommodes au premier chef, qu'on appelle chambres à vignes, sur lesquelles les pampres viennent s'étaler en les recouvrant. Ces chambres sont à 0,80ᶜ au-dessus du sol, de telle sorte que l'ouvrier est obligé de s'y tenir courbé, de ramper ; c'est une culture compliquée de gymnastique.

Ailleurs, les courbes appliquées, les segments de cercles sont si étendus qu'un écuyer pourrait sauter à travers sans embarras, aussi leur donne-t-on un nom bien caractéristique, on les appelle des *franconis*.

Ici, ce sont des échalas plus ou moins élevés qui les soutiennent ; ailleurs, des arbres vivants ou morts ; là, absence complète de soutiens. Dans quelques vignobles, on dirige et on maintient tout ou partie des sarments sur des traverses horizontales plus ou moins élevées de terre, à un ou plusieurs étages. Quelquefois on rencontre des rognages, des pincements plus ou moins bien entendus. (C'est à nos portes, en Lorraine, que les opérations de l'épamprage et du pincement sont faites au grand complet et avec une admirable entente.)

Certains vignobles ne provignent jamais pour entretenir les ceps. La vigne est assolée par périodes de 20, 25, 30, 50 ans. Dans d'autres, on provigne incessamment, et les vignes n'ont plus d'âge.

Ces méthodes varient de département à département, de contrée à contrée, souvent même entre les lieuxdits d'un même territoire, encore bien que les conditions climatériques, les constitutions du sol soient exactement identiques.

Ce serait parfaitement le cas d'appliquer cet adage latin : *Tot capita, tot sensus.*

« Toutes ces méthodes sont d'ailleurs parfaitement pratiquées et suivies en leur lieu. » Aucun viticulteur n'oserait s'en écarter, le respect des traditions semble une loi que tous craignent d'enfreindre.

« Mais sont-elles toutes essentielles, indispensables? » Leurs différences considérables, leurs oppositions » même sont-elles inhérentes à telles ou telles cir- » constances au point de ne pouvoir être éclairées » l'une par l'autre et modifiées avantageusement? »

A toutes ces pratiques si différentes, plus ou moins contraires aux véritables besoins de la vigne, peut-on en opposer une plus rationnelle et plus conforme à ces besoins? Et si en effet elle existe, ses principes seraient-ils partout d'une application possible?

M. Guyot n'hésite pas à répondre affirmativement : « Oui, la culture en grand peut se traduire en une » seule méthode plus productive et plus économique.»

Si la théorie indique ce fait principal, la pratique le confirme; en effet, cette méthode existe et est appliquée avec le plus grand succès.

Elle n'est donc pas particulière à M. Guyot, ce n'est pas une œuvre de son imagination. « Elle repose sur » des faits accomplis et des préceptes suivis de temps » immémorial, pris et relevés par lui dans les meil- » leurs et les plus anciens vignobles. Il les a choisis, » contrôlés, pratiqués même suivant les données et » les conquêtes de la science moderne. »

Cette méthode, que l'auteur qualifie et présente comme type tout à la fois théorique et pratique, est celle-ci :

Nous copions presque textuellement :

« La vigne doit être plantée de franc pied, cultivée et maintenue en lignes basses et sur souche, sans provignage ni recouchage.

» Chaque souche doit être élevée à 0,15 ou 0,20 de terre.

» Chaque cep doit porter tous les ans une branche à bois et une branche à fruit.

» La branche à fruit, qui produit presque uniquement la grappe de raisin, doit être attachée horizontalement à une ligne de fil de fer ou à un échalas, plus ou moins près de terre, suivant les conditions d'humidité ou de fraîcheur qui obligeraient à tenir la tête du cep plus élevée.

» Cette branche à fruit doit être coupée tous les ans à la taille sèche, c'est-à-dire à la fin de l'hiver.

» La branche à bois doit produire tous les ans deux sarments ou rameaux principaux, dont l'un remplacera la branche à fruit que l'on coupe chaque année; l'autre sarment, taillé au-dessus de deux yeux ou bourgeons naissants, et qu'on appelle crochet, deviendra l'origine de la branche à bois et produira les deux sarments pour l'année suivante.

» Les pampres de la branche à bois, qui ne produit jamais qu'un petit nombre de fruits, doivent être maintenus verticalement, liés à un grand échalas.

» La distance normale, mais non absolue, entre les lignes doit être de un mètre, et celle entre les ceps de un mètre également, c'est-à-dire que 10,000 ceps à l'hectare représentent la quantité normale.

» Cette distance permet de labourer avec les animaux

de trait ; mais, dans certains sols, l'exubérance de la végétation rend souvent le mètre et demi nécessaire.

» Partout où les cultures à la charrue sont impossibles, la culture en lignes n'en est pas moins indispensable à l'économie, à la fécondité de la vigne ainsi qu'à la qualité de ses fruits. Dans les cultures à la main, la distance des lignes pourrait être réduite à un demi-mètre.

» Les pampres des branches à fruit doivent être rigoureusement pincés à deux ou trois feuilles au-dessus de la deuxième grappe développée à chaque bourgeon. Ce pinçage doit être exécuté dès qu'on distingue ces deux ou trois feuilles, ou du moins avant la floraison.

» Les pampres sortis du crochet et montés le long du grand échalas seront rognés au niveau ou un peu au-dessus de cet échalas, seulement entre les deux sèves, c'est-à-dire du 20 juin au 15 juillet.

» Les engrais ou amendements doivent être apportés au pied de chaque cep en raison directe de la production qu'on veut obtenir et en raison inverse de la richesse du sol.

» Deux ou trois fois par saison, les sarments, les pampres ou rameaux herbacés doivent être rognés avec soin et le cep débarrassé de tous les pampres inutiles.

» Les vignes doivent être tenues proprement, aucune herbe, aucun végétal étranger ne doit y être laissé, les binages y seront donnés suivant les besoins, les cultures profondes doivent être rares. »

Tels sont, Messieurs, les principes généraux et fondamentaux de cette méthode.

Elle s'écarte radicalement des pratiques suivies dans nos vignobles de la Marne.

Comme avant tout c'est à ceux-ci que nous devons nous intéresser, permettez-nous d'examiner si les pratiques qui leur sont appliquées sont justifiées par les lois de la physiologie végétale, par les besoins de nos cépages, et si, au contraire, elles ne constituent pas de préjudiciables contradictions.

Dans nos vignobles, la plantation est faite en quinconces ; l'année suivante, ou la troisième année, on procède à ce qu'on appelle l'assiselage, c'est-à-dire au doublement des ceps au moyen des sarments sortis du plant. Après cette opération, la vigne, qui comportait 10,000 ceps à l'arpent, en compte le double, c'est-à-dire 20,000. Elle reste ainsi pendant quelques années, et les lignes se maintiennent à peu près correctes. Un peu plus tard, on commence à provigner les ceps les plus vigoureux. Cette opération se continue d'année en année, et successivement la quantité primitive de

10,000 ceps s'élève jusqu'à 25,000, c'est-à-dire environ 55,000 à l'hectare. Toute régularité a disparu, l'intervalle entre chaque cep varie de 0,25, 0,30 à 0,35, c'est ce qu'on appelle la culture en foule.

Tout d'abord, n'est-il pas hors de raison et de toute règle d'entasser ainsi les uns sur les autres tous les sujets d'une plantation quelconque? Ne faut-il donc pas à chacun d'eux une certaine somme de terre, de soleil et d'air pour subsister réellement et utilement? Les sevrer des quantités qu'ils réclament, n'est-ce pas les mettre à la portion congrue, et ne plus leur demander alors une production quelconque qu'à force de précautions et de soins excessifs ?

Agissons-nous de la sorte, dans nos jardins, pour nos arbres fruitiers ou pour nos plantes d'agrément? Un tel régime aurait bientôt pour résultat la diminution de la quantité, de la grosseur, de la qualité et de la beauté de nos fruits et de nos fleurs, et enfin la ruine de nos plantations.

« Que l'on se représente 40,000 cerisiers, pruniers » ou pommiers, ou, pour prendre comme terme de » comparaison des plantes analogues à la vigne en » arborescence, supposons qu'on plante 30,000 ou » 40,000 glycines, bignonias, clématites dans un » hectare de terrain, et l'on comprendra l'étiolement,

» le rachitisme , l'absence de fleurs et de fruits ,
» le développement de tous les insectes nuisibles et
» de toutes les maladies possibles. Aucun horticul-
» teur, aucun arboriculteur ne pourrait concevoir la
» santé et la fécondité des végétaux dans de pareilles
» conditions. Eh bien ! la vigne est un arbrisseau dont
» les racines et les tiges ont d'aussi grandes, de plus
» grandes allures que celle des végétaux que je viens
» de citer, et ce n'est que par des soins infinis et des
» artifices particuliers que le vigneron parvient à le
» maintenir et à lui faire produire des fruits dans un
» très-petit espace. C'est à résoudre ce problème que
» s'appliquent les mille façons de cultiver et de tailler
» la vigne. »

Ce tableau est trop frappant d'exactitude pour que
nous ayons hésité à le mettre sous vos yeux.

Ajouterons-nous que la culture en foule n'a pas
dû, suivant nous, être la culture primitive? On a dû
d'abord planter la vigne à des distances raisonnables,
calculées; plus tard on se sera dit : mais pourquoi
laisser d'aussi grands espaces entre chaque cep? Pourquoi ne pas utiliser davantage le terrain? La vigne
est si accommodante qu'en la recouchant elle se re-
produit incessamment, recouchons-la donc et couvrons
le terrain le plus possible. Ce n'est plus la nature,

c'est le viticulteur qui a horreur du vide. Et, comme
malgré ce régime la vigne continuait à produire, il
s'est maintenu, il est devenu une tradition dont on
ne songe pas à s'écarter.

Et pourtant il est bien facile de reconnaître qu'un
tel système qui retranche à chaque cep sa part légitime
de terre, de soleil et d'air n'est pas des plus logiques.
Il suffit pour s'en convaincre de remarquer ce qui se
passe auprès des sentiers de nos vignes. Les ceps en
bordure de ces sentiers, si étroits cependant, sont
toujours plus vigoureux, plus chargés de raisins, et
ceux-ci plus beaux, plus tôt et plus également mûrs
que ceux de l'intérieur.

Mais ce ne sont pas là les seuls griefs que l'on peut
reprocher à ce mode, l'énumération en est assez
longue et toujours ils se traduisent par des frais excessifs.

Tous les ans, chaque cep, ou, plus exactement, un
ou plusieurs des sarments de l'année précédente sont
recouchés, enterrés à la première façon, appelée bêcherie, qui pourrait plus exactement se nommer en-
fouissage, puisque cette culture nécessite le creusement
d'autant de petites fosses qu'il y aura de sarments à
recoucher, ne laissant apparaître que deux ou trois
yeux au plus.

Que de temps, que de précautions minutieuses pour un pareil travail qu'il faut exécuter sur 50 à 55,000 ceps par hectare !

Le plus souvent il est loin d'être terminé lors du grossissement des bourgeons, et combien de victimes ne fait-on pas, alors que ces bourgeons si tendres se détachent au moindre contact !

Puis, voyez les difficultés inhérentes à cette bêcherie. Il faut, pour enterrer convenablement et suffisamment, trouver une place sous laquelle n'existent pas de racines, et le système amène à ce qu'il y en ait partout, car ce sont ces nouveaux colliers de jeunes racines qui seuls conservent l'existence ; le sol qui reste cultivable n'a plus la moindre profondeur, il recouvre très-superficiellement une sorte de plancher continu formé par toutes ces pousses souterraines qui s'entrecroisent en tous sens.

Il y a bien un remède, forcément il a fallu l'imaginer, sans quoi la vigne ne saurait vivre longtemps, et il faudrait recommencer des plantations qu'on préfère condamner presque à la perpétuité.

Ce remède consiste à rapporter chaque année de nouvelles terres prises plus ou moins loin et répandues sur toute la pièce. Il n'en faut pas moins de 55 à 60 mètres par hectare et par an, ce qui constitue une dépense de 110 à 120 francs l'hectare, compris le portage et l'étendage.

Puis vient le prétendu rajeunissement au moyen du provignage qui, lui aussi, constitue une dépense minimum de 90 à 100 francs par hectare.

Et encore ce provignage, trop souvent retardé par les autres travaux qui le précèdent, n'aboutit pas à ce qu'on en attend. Battus, froissés par le vent, les bourgeons, les feuilles sont fanés, les sarments meurtris, la végétation est presque suspendue et arrêtée, et les raisins qu'ils portent, et sur lesquels on compte essentiellement, font défaut.

Dans les autres cultures, qui doivent être données sur ces petits intervalles entre chaque cep, que de coups d'outils reçoivent les racines si peu profondes, les pauvres ceps eux-mêmes et les grappes qu'ils portent !

La somme de temps nécessitée par ces difficultés et par toutes les précautions qu'elles exigent est énorme, aussi arrive-t-il trop souvent que toutes les façons ou ne sont qu'incomplètement données, ou même que quelques-unes ne le sont pas du tout, surtout dans les années pluvieuses.

Tous ces inconvénients, qui ne sont pas exagérés à plaisir, sont la conséquence du système. Il occasionne de grandes dépenses, il est une source de contrariétés, et il est loin d'être productif. Si ce que nous avançons est exact, si une insuffisance de production est patente en présence de tous nos frais, intérêts et façons, persister, c'est vouloir mourir dans l'impénitence finale [1].

La méthode opposée, la culture en lignes et sur souches, sans provignage, ni recouchage, se présente au contraire avec une simplification telle, qu'elle devra frapper même les esprits les plus prévenus.

Ses avantages se résument dans les points suivants :

1° Toutes les façons deviennent plus faciles, plus promptes, par conséquent plus économiques. « Cette » culture permet l'emploi de tous les instruments mus » par la main de l'homme ou par les animaux de » trait. Les labours, les façons sont pratiqués sans » hésitation comme sans crainte d'attaquer les tiges » ou les racines.

» 2° Les moyens de soutènement, de protection

[1] Nous pourrions citer, à l'appui de nos propres appréciations sur la culture en foule, celles de plusieurs propriétaires aussi éclairés que compétents, notamment celles de M. G. Moreau, maire d'Ay, de MM. Testulat-Leclerc, Testulat-Henrion, Testulat-Pierson, d'Ay, également. Elles sont consignées dans leurs mémoires produits à l'occasion du Concours viticole de Châlons, en 1861. Tous s'élèvent contre la culture en foule et se sont ingéniés à s'en affranchir; également aussi M. Thiercelin, d'Epernay.

» même et de palissage deviennent plus faciles et
» plus économiques aussi.

» 3° Les rayons du soleil échauffent mieux et plus
» directement chaque cep ; et dans l'intervalle des
» lignes, la terre, mieux échauffée elle-même, rend
» ensuite aux ceps, pendant la nuit, cette chaleur
» qu'elle a reçue pendant l'insolation. »

On obtient par cette disposition en lignes une
aération meilleure, indispensable à une bonne végétation, à une plus précoce et plus parfaite maturation
du bois et du fruit, ce qui serait un véritable bienfait
pour nos contrées situées presque à la limite du climat
propice à la vigne.

L'humidité, les fraîcheurs, si préjudiciables à la
vigne, soit au printemps, soit au moment des vendanges, sont bien moins à redouter en raison de cette
aération ; et certains travaux, qui ne peuvent s'exécuter alors que subsiste l'humidité produite et maintenue par tout l'ensemble de feuilles qui couvrent la
terre, dans la culture en foule, deviennent infiniment
plus praticables et moins funestes.

Cette disposition permet encore de retarder la taille
et l'abaissement de la branche à fruit jusqu'au moment le moins dangereux, elle garantit donc davantage
contre les gelées blanches et la coulure.

Enfin, la surveillance des travaux, de l'état d'entretien est beaucoup plus facile et plus prompte ; un simple coup-d'œil suffit le long de la vigne alignée pour constater l'exactitude ou l'incurie du vigneron, et le service des vendanges comme celui des engrais est rendu plus facile et plus rapide.

Nous ne pouvons entrer ici dans les autres détails de la viticulture conduite sur ces bases fondamentales, nous pensons en avoir dit suffisamment pour faire ressortir ses différences avec notre méthode et pour la faire apprécier.

Il nous faudrait répéter ce que M. Guyot expose si nettement et si clairement dans son ouvrage, intitulé : *Culture de la vigne et vinification*, publié en 1861 ; nous renvoyons donc les propriétaires à cette publication ; ils y puiseront d'abord la conviction, puis les meilleures indications.

Inutile de rapeler que cette culture existe dans le Médoc ; bornons-nous à citer quelques exemples de l'application de ses principes ailleurs que là où ils existent de temps immémorial, et à constater qu'il ressort, de l'étude comparée des diverses méthodes, qu'on obtient de celle dont s'agit des récoltes aussi abondantes, plus abondantes même avec 10,000 ceps à l'hectare qu'avec 40,000 ou 50,000, avec le même cépage et sous le même climat, et que ces récoltes coûtent infiniment moins à produire[1].

M. le comte de La Loyère, de Savigny (Côte-d'Or), un des lauréats du concours viticole tenu à Châlons en 1861, lauréat de la prime d'honneur au concours régional de 1866, n'a pas hésité à l'appliquer même sur de vieilles vignes. Il a transformé 10 hectares, et depuis cinq années le succès s'est maintenu ; là où il récoltait 2, il récolte 7.

M. Fleury-Lacoste le pratique à Curet (Savoie) depuis plus de quinze ans, ce qui ne l'empêche pas d'appeler M. Guyot « notre maître » ; un des triomphes de M. Fleury-Lacoste, et il a grandement raison de s'en applaudir, « c'est, dit-il, d'avoir amené ses col-» lègues vignerons *à douter de la routine* en les faisant » entrer dans la voie de la discussion et de la culture » rationnelle[2]. »

Nous avons parlé de l'économie résultant de l'application de la méthode Guyot, pour lui conserver le nom que partout on lui donne, et ce n'est que justice, puisque c'est à lui que nous sommes redevables de sa révélation.

[1] Voyez la note page 60.

[2] *Guide pratique du Vigneron*, par M. Fleury-Lacoste, 1866.

La comparaison des frais occasionnés par elle et par celle pratiquée en Champagne nous en donne la mesure.

La différence d'établissement pour un arpent de 0,43,27 peut être hardiment évaluée à 700 fr.

Les frais annuels seraient aussi singulièrement diminués.

Les façons de la méthode champenoise, tant à la tâche qu'à la journée, ne s'élèvent pas, pour l'arpent, à moins de........................ 400^f »

Par la nouvelle, ils ne s'élèveraient pas à plus de........................ 250 »

Economie annuelle par arpent........ 150 » sans parler de l'économie de temps sur les frais de vendange résultant des plus grandes facilités et de la régularité de travail obtenues d'une bande de vendangeurs suivant chacun sa ligne.

Des transformations, avons-nous dit, ont été apportées à de vieilles vignes, sans les arracher, notamment chez M. de La Loyère ; nous n'oserions donner le conseil de suivre ces exemples, malgré leurs succès.

Nos vignes sont trop âgées, le sol est souterrainement occupé par trop de racines, tout au plus pourrait-on réformer des vignes de huit à dix ans d'âge.

Mais nous n'hésitons pas à recommander vivement quelques essais sur des plantations créées tout exprès et d'après les indications du savant docteur.

Quelques propriétaires font cependant une objection qui peut n'être pas sans valeur.

Dans certains vignobles, dans le Bordelais, principalement, les vignes sont fréquemment envahies par l'oïdium. Dans ces contrées les vignes ne sont pas, comme en Champagne, recouchées chaque année, par conséquent rajeunies en quelque sorte ; elles sont tenues sur souches plus ou moins élevées; sur nos treilles, l'oïdium sévit également. Cela tiendrait donc à l'élévation donnée aux ceps, au défaut de rajeunissement. Or, comme cette maladie est presque, pour ne pas dire tout-à-fait, inconnue dans la Marne, ce serait une preuve que, si le fléau nous épargne, cela tient incontestablement à notre système. Le changer, c'est appeler le mal, c'est nous mettre dans la même situation que les vignobles qui en sont atteints, et la prudence commande de s'abstenir.

Certains faits signalés par M. Guyot, d'autres encore, généralement connus, sont cependant de nature à nous rassurer.

Dans l'arrondissement de Wissembourg, les berceaux dont je vous ai parlé, qui maintiennent l'humi-

dité et la chaleur entre la terre et les pampres, « sont
» de véritables couvoirs à éclosion d'oïdium, tandis
» que, à côté, les vignes en lignes, palissées et épam-
» prées, en sont absolument exemptes.

» Le département de l'Aisne lui a démontré égale-
» ment l'invasion facile de l'oïdium dans les tailles
» hautes, à pampres abondants et retombants, et
» l'innocuité des tailles basses, à petits pampres atta-
» chés verticalement, ébourgeonnés et rognés.

» La vérité est que les vignes en hautains sont
» plus cruellement atteintes par l'oïdium, tandis que
» les vignes basses en sont le plus souvent exemptes. »

Mais la vérité est encore que, grâce au soufre, on
combat parfaitement l'oïdium et on s'affranchit de
ses atteintes. Son efficacité est partout constatée et
reconnue, et M. le comte de Lavergne, cet autre missionnaire au dévouement duquel on ne saurait ac-
corder trop d'éloges, et qui nous a fait l'honneur de
venir donner des conférences dans notre département,
« M. de Lavergne a su défendre son vignoble contre
» son invasion, guérir la maladie et l'expulser si radi-
» calement de son domaine, de plus de cent hectares
» de vignes, qu'il a pu porter le défi d'y trouver une
» *seule grappe* détruite par le fléau. »

Ne nous laissons donc pas dominer par une sorte

de panique préventive, ou du moins qu'elle n'arrête pas nos tentatives de réforme.

Et si nous devons entrer dans la voie de quelques modifications, que ce soit seulement dans notre mode de culture et non dans l'introduction de cépages plus productifs, mais plus communs. Respectons toujours avec un religieux scrupule nos fins cépages, les pineaux noirs et blancs, le vert-doré, et rendons ce témoignage aux négociants éclairés de la Champagne, *les plus fins dégustateurs du monde entier*, suivant l'expression de M. Guyot : ce sont eux qui ont épuré le goût des consommateurs. C'est leur fidélité aux crus les plus distingués, la sévérité apportée dans leurs choix qui ont maintenu et maintiendront à notre Haute-Champagne sa grande réputation et la rendront insouciante d'audacieuses contrefaçons à l'étranger, comme en certains départements ; ces contrefaçons n'auront jamais d'autres effets que d'affirmer la supériorité éclatante de nos premiers crus, de leur continuer la clientèle des grandes tables et des palais véritablement délicats.

III

Cet examen des rapports de M. Guyot ne serait pas complet, Messieurs, si nous passions sous silence une autre question économique qu'il soulève, et qui n'est elle-même que le corollaire de sa proposition : appel et fixation des populations à la culture de la vigne. C'est en quelque sorte une question de voies et moyens.

Quelles que soient les méthodes appliquées à la culture de la vigne, les travaux qu'elle nécessite sont ou donnés en tâche ou à la journée.

Le mode de tâches se rencontre le plus fréquemment, notamment dans nos contrées.

« Le salaire à la tâche produit beaucoup de travail, » mais en général donne une mauvaise façon. »

L'ouvrier n'est pas assez scrupuleux pour les précautions, les soins et surtout le choix d'un temps propice. Bien souvent des maladies, des accidents ne sont que le résultat d'un travail intempestif ou négligemment exécuté.

« Le salaire fixe à la journée donne en général un
» meilleur travail, mais beaucoup moindre : il coûte
» donc plus cher. »

Dans l'un comme dans l'autre cas, l'ouvrier n'a en
quelque sorte qu'un intérêt bien minime à la bonne
tenue des vignes qui lui sont confiées, non plus qu'au
rapport plus ou moins élevé qu'elles doivent donner
au propriétaire. De là de fréquents mécontentements
de la part de ce dernier, occasions fréquentes de difficultés et situation des plus tendues.

Malheureusement, les bras se raréfiant de plus en
plus, le choix n'est pas possible ; il faut prendre ce
qui se présente, vaille que vaille, et toujours on se
trouve en présence d'exigences incessantes, de là encore
découragement et tendances à l'abandon de cette nature
de propriétés.

Que les salaires s'élèvent, c'est là une loi générale
et toute légitime, on doit s'y conformer ; mais qu'ils
s'élèvent en raison inverse de la bonne exécution du
travail, c'est ce qu'il est difficile d'accepter. Telle est
cependant la véritable situation.

Serait-il possible de remédier à cet état de choses?
Y aurait-il quelque combinaison qui, rendant d'une
part l'ouvrier plus soigneux, sauvegarderait davantage
les intérêts et les légitimes prétentions du propriétaire?

Une combinaison telle, en un mot, que tous deux y trouvent leur compte, et que des relations plus satisfaisantes remplacent celles actuelles?

M. Guyot n'hésite pas à se prononcer pour l'affirmative.

Non seulement cette combinaison existe, mais elle donne d'excellents résultats ; partout elle est réalisable et partout elle est appelée à remplacer l'incurie, le mauvais vouloir et les menaces de divorce qui de tous côtés se révèlent. Hors d'elle, point de salut à espérer, tout au plus des armistices plus ou moins durables.

La solution serait, non le partage des fruits ou métayage, mais un intérêt quelconque dans le produit, indépendamment des prix de tâche.

Laissez-moi, Messieurs, vous citer un des passages les plus courts, pris parmi bien d'autres, où cette situation est expliquée de la façon la plus vraie, la plus saisissante et en termes les meilleurs :

« Le travail de la vigne se fait, dans la grande
» majorité des vignobles, à la tâche, à la journée et à
» l'entreprise à forfait, sans participation de l'ouvrier
» au produit. Le métayage est très-exceptionnel.

» Au voisinage des grandes villes, le vigneron se
» fait payer cher ; mais le prix élevé, sans attrait et
» sans intérêt au produit, ne l'attache point. Dans les

» campagnes éloignées des villes, la rémunération du
» travail est véritablement insuffisante. C'est ainsi qu'à
» Bar-le-Duc la journée sera payée 2 fr. 50 à 3 fr. 50;
» c'est ainsi que les fosses de provignage y seront
» payées 6 francs le cent, tandis que ces cent fosses
» se paieront 1 fr. 25 c. à Liouville, et que la journée
» sera payée, à Eix, 1 fr. et nourri, ou bien 1 fr. 50
» sans nourriture.

» Mais, que les façons soient chères ou à bon marché,
» la position entre le propriétaire et le vigneron reste
» également tendue. Le propriétaire, à moins de diriger
» lui-même et d'être constamment présent au travail,
» voit ses vignes négligées, maltraitées, et sa vendange
» réduite à sa plus minime expression ; tandis que le
» vigneron ne travaille que rarement avec plaisir

» Avec un peu moins d'évidence et d'âpreté, j'ai
» trouvé les mêmes dispositions respectives dans la
» Haute-Marne, dans la Haute-Saône, dans le Doubs
» et les Ardennes. L'Alsace m'a paru plus débonnaire
» sous ce même rapport; mais il est facile de com-
» prendre que partout, dans un travail dont tout le
» succès dépend du bon vouloir, de l'activité, de l'at-
» tention et de l'intelligence de l'ouvrier, l'ouvrier ne
» pourra livrer toutes ses facultés que par la rému-
» nération qu'il attendra du produit lui-même; *si c'est*

» *le produit qui le paie, il sera le très-humble serviteur*
» *du produit,* d'une part ; et, d'autre part, l'intérêt et
» l'attrait à la production sont nécessaires à l'ouvrier
» rural pour lui faire supporter les intempéries du
» climat et les ennuis de la solitude.

» On conçoit l'ouvrier des villes et des ateliers ne
» demandant à son travail que le salaire du jour ou
» de la tâche, parce que ce salaire lui donne la vie des
» cités ou des agglomérations d'hommes.

» On conçoit les domestiques ruraux s'asseyant à
» la table commune, ayant les causeries du soir au
» retour et du matin au départ.

» Mais la famille rurale sans intérêt et sans attrait
» rural, l'ouvrier et l'ouvrière des champs à la journée
» et à la tâche sont impossibles avec les appétits so-
» ciaux développés comme ils le sont et avec la logique
» américaine qui mène à les assouvir promptement et
» à tout prix.

» Du reste, les faits prouvent aujourd'hui cette
» impossibilité ; toutes les filles, tous les garçons
» quittent la campagne pour s'en aller dans les villes,
» et bientôt leurs parents mêmes, retenus d'abord par
» une masure ou par un petit coin de terre, ne tardent
» pas à les suivre, chassés par leurs dettes.

» La famille rurale ne peut exister, ne peut se fixer

4

» que par l'intérêt au produit du sol. Il lui faut une
» habitation, une petite portion de terre pour les be-
» soins courants de la famille et un atelier rural qui
» assure sa stricte existence annuelle par le salaire fixe,
» et fonde son bénéfice, son épargne, ou du moins son
» espérance, sur une participation au produit éventuel
» de son travail.

» Cette conclusion, Monsieur le Ministre, n'est point
» une utopie ; elle est basée sur l'observation la plus
» solide ; elle est immédiatement réalisable dans beau-
» coup de cultures spéciales, et notamment pour la
» vigne. Il y a plus, elle est déjà réalisée depuis long-
» temps, et ses bons effets sont constatés. La même
» solution sera bientôt trouvée pour toutes les autres
» cultures, *et il faut qu'elle soit promptement trouvée,*
» *car le mal est très-avancé.* Métayage commandité et
» commandé par le propriétaire, ou bien exploitation
» directe à la tâche ou à la journée, avec octroi d'une
» fraction du produit brut : telle est la double voie de
» salut de la grande propriété, du repeuplement des
» campagnes et de la vie à bon marché.

» Il n'est pas un des dix départements que je viens
» de parcourir, où la désertion des campagnes, la
» cherté, mais surtout la rareté et l'impossibilité de la
» main-d'œuvre, n'aient été dénoncées par les hommes

» les plus expérimentés et les plus considérables; pas
» un où cette situation ne soit l'objet des plaintes et de
» la sollicitude générales; pas un où nous n'ayons traité
» ces questions en conférence avec les propriétaires. »

Bien des propriétaires sont entrés déjà dans cette
voie et s'en applaudissent; c'est encore M. de La Loyère
que nous citerons principalement, et c'est aussi dans
le pays messin que M. Guyot l'a rencontrée et pour
la première fois.

C'est là, Messieurs, une grave et très-grave question,
vous l'apprécierez; mais elle demande à être étudiée
plus complètement que nous ne pourrions le faire
dans ce rapport, déjà beaucoup plus long que nous
l'aurions désiré.

J'ai dû négliger bien des points et des faits que
j'aurais aimé aussi à faire passer sous vos yeux, notamment ceux relatifs à la vinification. Il y aura
probablement lieu d'y revenir plus tard.

Je terminerai en vous répétant que les rapports du
docteur Guyot sont écrits avec une verve, une conviction et une précision remarquables. Les faits et les
propositions qu'il met en lumière sont frappants de
logique et de vérité.

Rédigés d'un style très-entraînant, très-imagé, ils
seront lus, je ne crains pas de le dire, avec un grand

charme, même par les personnes que leurs goûts ou leurs intérêts n'attachent pas directement à la viticulture.

Les gravures nombreuses qui les accompagnent aident merveilleusement à l'intelligence du texte et offrent à l'œil étonné des spécimen excessivement curieux des diverses variétés de conduite et de formes données à la vigne.

L'esprit, lorsqu'il est de bon aloi, est toujours le bienvenu, même dans les matières sérieuses; il se rencontre ici en bien des passages, et certains détails, certaines scènes sont racontés avec une finesse, une grâce des plus parfaites.

Ce qui frappe surtout et mérite d'être signalé, c'est l'empressement sympathique avec lequel les populations viticoles se sont rendues aux conférences tenues par M. Guyot. Le même charme persuasif qui accompagne ses écrits accompagne également sa parole, ce qu'il nous a été donné de constater à la conférence d'Avize.

Ces conférences et les visites sur place ont toujours été suivies avec respect et déférence pour le missionnaire revêtu d'un caractère officiel. Partout il a rencontré chez les principaux fonctionnaires, chez les grands comme chez les petits propriétaires, l'accueil le plus cordial, le plus encourageant, et nulle part ces méfiances et ces amertumes qu'au début nous paraissions devoir craindre.

Tous ceux que ces divers problèmes intéressent doivent de sincères remercîments au savant et zélé viticulteur qui a su complètement justifier la confiance du Ministre, et accomplir sa mission avec un dévouement absolu, sans crainte des fatigues qui l'attendaient et dont il subit aujourd'hui les bien regrettables conséquences.

Le nom de M. Guyot restera donc attaché à une entreprise de premier ordre; œuvre considérable à tous les points de vue, au bout de laquelle on peut entrevoir une véritable révolution; mais cette fois, du moins, révolution réfléchie, toute pacifique, ne s'attaquant qu'à des choses, qu'à des doctrines qui, contrairement à certaines autres, n'ont pas droit à demeurer perpétuellement l'objet de tous les respects comme de toutes les fidélités.

FRAIS D'ÉTABLISSEMENT

PAR ARPENT DE 0 H. 43 ARES 27.

ANCIENNE MÉTHODE.

Plant, 10,000, à 5ᶠ le mille.	50ᶠ
Journées d'automne, 20, à 1ᶠ 50................	30
Bâtons, après l'assiselage, 20,000................	1,000
Fumier, 100 mètres, à 12ᶠ.	1,200
Assiselage, 30 jours 1/2, à l'automne, — 1/2 au printemps, portage de fumier compris...............	75
Fumier d'assiselage, 100ᵐ..	1,200
Fichage et arrachage des bâtons................	20
	3,575
Ci-contre..........	2,870
Différence en moins dans les conditions les plus élevées................	705

NOUVELLE MÉTHODE APPLIQUÉE A CRAMANT.

Plant, à 0ᵐ70 en tous sens, soit 8,800, à 5 fr.......	45ᶠ
Journées, 25, à 1 fr. 50....	38
Bâtons, 8,800.............	440
Fumier, 100 mètres.......	1,200
Assiselage, remplacé par un recouchage que j'ai cru devoir faire la troisième année................	75
Fumier employé à cette opération, 60 mètres.....	720
Fichage et arrachage.......	12
Fil de fer, si on en met; je pense pouvoir m'en dispenser................	90
Petits échalas, à la distance de 0,70 ; je pense en éviter la majeure partie..	250
Soit donc au maximum....	2,870

FRAIS ANNUELS.

ANCIENNE MÉTHODE.		NOUVELLE MÉTHODE.		
Taillerie par arpent.........	17	Taillerie, même temps....	17	»
Bêcherie........	50	Bêcherie, moitié en moins.	25	»
Ficherie..............	12	Ficherie, id., plus rapide.	6	»
Liage.................	20	Liage, mêmes frais, 2 liages.	20	»
Deux rogneries, 7. 5	12	Rognerie et pincement....	20	»
Trois labours	32	Trois labours, plus faciles.	20	»
Hacherie	7	Hacherie, moitié en moins.	4	»
Total des frais de tâche [1]..	150	Total des frais en tâche [1].	112	»

FRAIS SUPPLÉMENTAIRES.		FRAIS SUPPLÉMENTAIRES.		
Terres rendues (25^m à 2 fr., façons de magasin compr^{ses})..	50	Terres rendues (le 1/4)....	12	50
Portage des terres (15 journées à 1 fr. 40 et vin)..........	24	Portage, id......	6	»
Provignage (12 journées à 3 fr. et vin)	40	Provignage supprimé.....	»	»
Bâtons, renouvellement (16 bottes à 2 fr. 50)	40	Bâtons, renouvellem[t] (plus ménagés dans les travaux et la vendange)	20	»
Fumier du provignage et d'entretien (8^m par arpent, à 12^f).	96	Fumier d'entretien (8^m)....	96	»
Renouvellement des culées)..	2	Imprévu.....	3	50
	402		250	»
Ci-contre..........	250			
Différence annuelle en moins.	152			

[1] Les vignes faites à la journée, quand les tâcherons manquent, coûtent infiniment plus cher.

[1] Les cultures qui pourraient être faites par des animaux de trait, mulet ou âne, présenteraient encore une grande économie.

RELEVÉ

---

4 hect. Froment, valant sur pied, paille et grain...........			1,800 fr.
2 — Seigle	id.	id.................	635
3 — Avoine,	id.	id.................	750
3 — Orge,	id.	id....	800
3 — Jachère.................................... ...			»
3 — Prairie artificielle, luzerne, 1re année..............			750
3 — id.	id.	2e année..	1,100
3 — id.	id.	3e année.......... ...	850
1 — Légumes, jardinage...........................			500
25 hect.			7,185 fr.

Soit 287 fr. pour produit brut moyen de chaque hectare.

RELEVÉ

L'arpent, mesure locale, contient 0 hect. 43 ares 27 cent. Il donne en
moyenne 6 pièces de 2 hectolitres, dont on peut évaluer les prix de vente
comme suit :

Les 2/3 pour vin de cuvée, soit 4 pièces, à 190 fr. l'une.....		760 fr.
Le 1/3 pour suites et détour, soit 2 id. à 80 id........		160
	6	920

Soit, prix moyen de chaque pièce, 150 fr. Ce qui représente par hectare 2,120 fr. et pour les 25, 53,000 fr.

APPENDICE.

Quelques-uns de nos propriétaires objectent que, dans la culture alignée, les espaces laissés entre chacune des lignes seront une occasion de déperdition de la chaleur renvoyée par la terre pendant la nuit.

Dans la culture en foule, dit-on, il n'y a aucune perte de calorique. La terre, bien couverte par les feuilles, renvoie aux ceps, la nuit, toute la chaleur absorbée pendant le jour, et c'est principalement la nuit que se complète la maturité, grâce à ce rayonnement.

Dans la culture en lignes, au contraire, l'obstacle opposé par les feuilles étant beaucoup moindre, l'air circulant plus largement, la majeure partie du calorique sera emportée sans profit aucun, d'où retard, inégalité et insuffisance dans la maturation du bois comme du fruit.

Nous ne pouvons partager ces appréhensions ; loin de là, nous estimons qu'elles reposent sur des appréciations inexactes.

Il est cependant un point sur lequel nous sommes parfaitement d'accord, c'est le rôle de la terre renvoyant la nuit le calorique qu'elle a reçu pendant le jour, et pour nous aussi il n'y a qu'une seule question, celle du plus ou du moins.

Examinons donc les deux situations.

Que se passe-t-il dans la culture en foule ?

Les rayons solaires frappent tout d'abord et se dispersent sur la masse de ceps et de feuilles qui couvrent la terre. Il n'y en a donc ainsi qu'une certaine et minime partie qui descende directement jusqu'au sol, garanti qu'il est par cette sorte de protection s'interposant entre le soleil et lui.

Dans la culture en lignes, les obstacles se présentent au contraire moins nombreux, moins généralement étendus, les rayons solaires arrivent donc sur la terre nécessairement plus directs et plus complets.

La masse du calorique envoyé par le soleil représente un chiffre quelconque, supposons cent ; n'est-il pas d'une évidence incontestable que les fractions de ce tout, qui atteindront le sol, seront d'autant moindres qu'elles auront rencontré plus d'obstacles, tandis que ces fractions seront d'autant plus fortes, plus efficaces, qu'elles auront trouvé moins d'empêchements ?

Et n'est-il pas ainsi démontré que des ceps espacés de 1^m, de $0^m,80^c$ ou de $0^m,70^c$ en tous sens, laisseront plus de place, plus de facilités à l'insolation de la terre que des ceps espacés seulement de $0^m,25^c$, $0^m,30^c$ ou $0^m,35$ en moyenne, comme dans la culture en foule ? La répartition du chiffre cent, proportionnée à ces espaces différents, donnera exactement la mesure du calorique obtenu par l'un ou l'autre système, le calcul est facile.

La conséquence forcée ne sera-t-elle pas alors que plus complètement la terre aura reçu l'irradiation solaire, plus elle sera échauffée et plus elle pourra, à son tour, rendre de calorique ?

Peut-être ajoutera-t-on encore : le calorique renvoyé la nuit ne rencontrant pas assez de feuilles pour le fixer complètement, une partie s'en retournera en pure perte dans l'atmosphère.

. Admettons qu'il en soit ainsi, resterait toujours à évaluer si le résultat final ne serait pas exactement le même, c'est-à-dire s'il n'y aurait pas autant de calorique ménagé, utilisé dans l'une comme dans l'autre méthode.

Incontestablement la première (la culture en ligne) en laisse arriver une plus grande somme, et, tout hypothétiquement, en laisse évaporer un peu plus ; la seconde en laisse peut-être moins perdre, mais aussi elle en a reçu beaucoup moins ; donc, au pis aller, résultat égal.

Un mot encore.

Dans la nouvelle culture, l'air, qui n'est nullement contrarié dans ses évolutions comme dans ses effets, circule plus franchement, plus librement entre les lignes comme entre les ceps, il absorbe bien mieux ainsi l'humidité résultant des eaux pluviales, des fraîcheurs nocturnes ou des brouillards ; les unes et les autres, au contraire, sont certes plus retenues et plus persistantes sous ces sortes de berceaux continus de la culture en foule, et on ne doit pas oublier que l'humidité et les fraîcheurs sont nos plus redoutables ennemis.

L'année 1866, qu'on se rappellera longtemps, nous fournit une nouvelle preuve à l'appui de ce que nous soutenons. La grande humidité presque constante empêchait de donner les façons dans l'intérieur des vignes, tandis que le long de tous les chemins, de tous les sentiers, le vigneron pouvait les donner jusqu'à la distance d'un mètre, aussi loin que l'outil pouvait atteindre. Et c'est ainsi que tout le pourtour était cultivé quand l'intérieur ne pouvait l'être.

Dans une question de cette nature les faits parlent plus haut que tous les raisonnements. Qu'on examine, répétons-le, ce qui se passe aux têtières, aux culées et dans les bordures des sentiers de nos vignes. Partout on reconnaîtra, et on l'affirmera comme nous, que, sur ces ceps en bordure, les raisins sont plus nombreux, plus beaux, d'une maturité plus égale et plus hâtive que dans l'intérieur.

Ce sont donc des faits, et non une théorie, qui se chargent de répondre à ces préventions.

Nous avons dit que M. de La Loyère récoltait sept par la culture nouvelle, au lieu de deux par l'ancienne méthode. Le rapport de M. Guyot constate que, « sur 6 hectares de » vignes en pineau recouchés et tenus en conformité, il a » porté la production moyenne de 12 hectolitres à l'hectare à » une moyenne production de 40 hectolitres. »

Dans l'Aube, la moyenne production du pineau dans les vignes bourgeoises n'est que de 10 hectolitres, celle du vigneron est double.

Dans ce même département, M. Gayot, propriétaire à Bar-sur-Aube, sur deux pièces, l'une de 10 ares, l'autre de 42 ares, disposées, à peu de chose près, selon les indications du docteur Guyot, a récolté 75 litres à l'are, soit 75 hectolitres à l'hectare.

A Cissey (Côte-d'Or), M. de Cissey a transformé des vignes de gamays, anciennes et stériles, d'une culture en foule et à la main, en culture en lignes et à la charrue, et leur a rendu une vigueur et une fécondité remarquables, les lignes à 1 mètre, et les ceps à 0^m,50, palissées sur fil de fer. Ces vignes sont arrivées à produire 100 hectolitres à l'hectare.

« M. Fleury-Lacoste, à Curet (Savoie), prouve tous les ans,
» et sur une grande échelle (14 hectares), qu'on peut et qu'on
» doit récolter le double et même le triple des produits dans
» les mêmes sites, dans les mêmes terrains, avec les mêmes
» cépages, en substituant la viticulture rationnelle et typique
» à la culture ancienne et actuelle de son pays.

» Il a transformé ses vignes en foule, entretenues par le
» provignage, en vignes de franc pied, en lignes, à branche
» à bois et à branche à fruit, ébourgeonnées, rognées et pa-
» lissées, et cela depuis plus de douze ans. »

Ce propriétaire n'hésite pas à conseiller la transformation même des vieilles vignes cultivées en foule.

Il indique, dans son *Guide pratique*, les soins à prendre et la manière de procéder. « Au bout de deux ans, dit-il, l'opé-
» ration est complètement achevée ; à la troisième année, on
» peut déjà donner une branche à fruit aux premières lignes
» établies, et à la quatrième année toute la ligne est en
» plein rapport. Ce rapport est suffisamment rémunérateur,
» puisque, au lieu d'un produit de 20 à 25 hectolitres par
» hectare, on en obtient 60 à 70. »

Inutile de pousser plus loin nos citations.

POPULATIONS ET PRODUITS COMPARÉS.

Nous croyons devoir citer quelques passages extraits du dernier rapport de M. Guyot ; ils serviront à affirmer comme à élucider certains faits, certaines propositions que nous n'avons pu qu'effleurer.

Dans la Côte-d'Or, la vigne donne plus du tiers du revenu total agricole, tout en n'occupant que la vingt-huitième partie du sol ; c'est son arbrisseau providentiel, sa poule aux œufs d'or ; elle a créé aussi une grande partie de sa population. Dans l'arrondissement de Beaune, ou l'on compte 14,000 hectares de vignes sur 214,000 hectares, la densité de la population est de cinquante-huit habitants par 100 hectares. Dans celui de Dijon, où l'on compte seulement 8,000 hectares de vignes sur 301,000 hectares, la densité n'est plus que de quarante-huit habitants, malgré l'influence énorme d'une grande capitale de province ; et enfin, dans celui de Semur, où sont 4,000 hectares de vignes sur 163,000, la densité n'est plus que de quarante-trois habitants par 100 hectares. Ajoutons encore que, dans les environs de Dijon, les terres sont louées 60 fr. l'hectare pour ferme en culture ordinaire, tandis que par bail de 18 à 20 ans les vignerons louent les terres 300 fr. pour planter en vignes.

A ce taux, les vignerons s'enrichissent et les autres vivent péniblement.

Le département de Saône-et-Loire compte 36,000 hectares de vigne sur sa superficie totale de 856,000 hectares. La vigne occupe donc seulement le 23ᵉ de cette surface, et ces 36,000 hectares produisent plus du quart du revenu total. 130,000 hectares sont cultivés en froment, lesquels ne donnent qu'un produit égal à celui des 36,000 hectares de vigne.

Ces 36,000 hectares produisent une valeur de 36 millions, représentant le budget annuel de 36,000 familles moyennes de quatre personnes, ou de 144,000 habitants, plus du quart de la population du département, qui est d'environ 550,000 habitants.

Dans le département de l'Aube, la vigne occupe la 26ᵉ partie du sol, c'est-à-dire 23,000 hectares ; son produit brut est de 17 millions, représentant précisément le cinquième du revenu total et le budget de 17,000 familles ou 68,000 individus, plus du quart de la population totale.

Le produit total du sol agricole de l'Yonne est de 69 millions de francs en dehors de la vigne ; avec la vigne, il atteint le chiffre de 107 millions ; donc, la vigne produit plus du tiers de la richesse agricole de ce département. Cette culture donne le budget de 38,000 familles, près de la moitié de la population totale, qui est de 363,000 habitants.

Nous nous bornons à ces quelques citations : partout les mêmes faits se présentent avec presque les mêmes proportions.

EXTENSION DE LA CULTURE DE LA VIGNE.

« On semble craindre que la lumière faite sur la vigne, que les enseignements de ses meilleures pratiques, que les encouragements et les honneurs qui seraient accordés à ses progrès, n'étendent ses cultures au-delà de toute raison, de tout intérêt même des propriétaires et des vignerons. Mais exprime-t-on les mêmes craintes pour les autres cultures ? Pourtant elles ont à redouter les mêmes inconvénients. Voudrait-on arrêter l'essor de la viticulture en maintenant l'ignorance des bonnes pratiques et en affectant de ne lui reconnaître aucun de ses mérites, aucun de ses bienfaits économiques et sociaux ? On proclame, partout et pour tout, la nécessité des enseignements publics, des encouragements publics et des honneurs publics ; on affirme, partout et pour tout, que la liberté et l'égalité suffisent à régler les rapports de la production et de la consommation ; si cette opinion est vraie et sincère, il ne faut pas, au moins, que ceux-là mêmes qui la proclament le plus haut n'en admettent l'application que pour certaines branches de l'agriculture de leur choix et de leur prédilection.

» Si l'on doit enseigner comment on peut obtenir trente ou quarante hectolitres de blé par hectare, cent et deux cents hectolitres de pommes de terre, soixante et quatre-vingts mille kilogrammes de betteraves, quarante et quatre-vingts quintaux métriques de fourrages ; si l'on doit enseigner quelles espèces de moutons, de porcs, de vaches il convient d'élever ; si l'on doit enseigner quels assolements, quels roulements, quelles proportions de céréales, racines, fourrages, bétail, il convient d'adopter pour produire le plus et le mieux possible le pain et la viande, dans la petite comme dans la grande culture ; on doit enseigner comment on peut obtenir quarante et soixante hectolitres de vin à l'hectare, quels sont les cé-

pages qu'il convient de choisir et quelle proportion de vigne peut
et doit entrer dans le roulement le mieux établi de la grande et de
la petite culture.

» Si l'on doit encourager et récompenser ceux qui produiront relativement le plus de blé, le plus de fourrages, le plus de bétail, on
doit encourager et récompenser celui qui produira relativement le
plus de vin.

» Si l'on doit honorer celui qui créera les produits les meilleurs et
les plus avantageux pour la richesse privée et publique, et pour le
bien-être et l'augmentation des populations (par des procédés imitables et à la portée de tout le monde, bien entendu), on doit honorer celui qui créera les vins les meilleurs et les plus avantageux
pour la richesse privée et publique, et pour le bien-être et l'augmentation des populations, dans autant de circonscriptions et dans
les proportions de l'importance réelle, c'est-à-dire de la valeur
respective des productions locales du pain, de la viande et du vin.
Les légumes et les fruits, c'est-à-dire l'horticulture et l'arboriculture, quoique à un rang moins important de l'alimentation publique, devraient aussi, dans leur proportion, faire partie des enseignements, des encouragements et des honneurs publics et officiels
accordés à l'agriculture.

» S'il n'en est pas ainsi, l'égalité devant les institutions agricoles
n'existe pas. Quant à la liberté, c'est elle qui règlera les rapports et
corrigera les excès de la production du vin, relativement à sa consommation, comme elle doit seule le faire pour le pain et pour la
viande.

» Personne n'a le pouvoir ni le droit d'empêcher d'étendre ou de
restreindre telle ou telle culture ; l'opinion et l'intérêt individuels
sont les meilleurs et les seuls juges de l'usage de la propriété ; et
je suis profondément convaincu que la lumière et la considération
étendues à la viticulture française, comme aux autres branches de

notre agriculture, produiront les résultats les plus heureux et les plus féconds pour ces dernières, qu'elles élèveront au plus haut degré de prospérité par les bras, les bouches et l'argent de la vigne.

» Je l'ai dit cent fois, et je ne me lasserai pas de le répéter, la vigne est notre arbrisseau industriel et providentiel par excellence ; c'est notre cotonnier, notre canne à sucre, notre arbre à thé, notre caféier ; son produit est notre meilleur fortifiant , notre principal objet de transport et d'échange. Il faut éclairer sa production de tant de lumière, que nos vins soient vus, reconnus et demandés de toutes les parties de la terre.

» Mais, à ce point de vue de progrès et de prospérité privés et publics, déterminés par l'intelligente culture de la vigne. ou, à défaut de vigne, par toute autre culture industrielle à haute main-d'œuvre et à riche produit, combinée avec la culture alimentaire indispensable, on opposera toujours le danger de l'abondance et l'impossibilité d'écouler, à prix rémunérateur, le vin produit.

» A cela je répondrai toujours : à mesure que nous avancerons dans l'appréciation des bienfaits physiques et moraux de l'usage alimentaire du vin, aux repas de la famille, le taux moyen de la consommation s'élèvera à trois quarts de litre par jour et par individu, c'est-à-dire qu'il se consommera trois litres de vin par jour, dans la famille moyenne de quatre personnes, deux litres par le père, un demi-litre par la mère et un quart de litre par chaque enfant ; c'est-à-dire que la consommation serait de plus de cent millions d'hectolitres pour toute la France ; or, il ne se produit guère aujourd'hui, en France, plus de soixante millions d'hectolitres de vin ; il y aurait donc un déficit de quarante millions d'hectolitres, si la consommation était ce qu'elle doit être et ce qu'elle sera. Ce ne serait point trop alors de quatre à cinq millions d'hectares de vignes pour pourvoir à cette consommation et à l'exportation.

» Mais si, en trente ou quarante ans, les vignes sont portées à quatre ou cinq millions d'hectares, six à huit millions de population de plus auront dû élever les consommateurs à quarante-quatre ou à quarante-six millions; la consommation dépassera donc encore la production : sans compter que l'exportation aura pris alors des proportions relativement plus considérables encore, puisque la consommation étrangère de nos vins commence à peine.

» Dans tous les cas, et sans entrer dans aucune considération d'avenir, est-il vrai qu'aujourd'hui les produits de la vigne sont largement rémunérateurs, et presque seuls largement rémunérateurs avec la production du bétail? Est-il vrai que la vigne produit en moyenne deux, trois et quatre fois plus que les meilleures de nos grandes cultures ?

» Si cela est vrai, à qui appartient-il donc plus de se faire prophète de malheur qu'à moi de me faire prophète de bonheur? La vigne est-elle donc aujourd'hui si dispendieuse à établir, si longue à produire, si rivée au sol qu'on ne puisse l'arracher? On l'arrache tous les ans pour ses assolements trentennaux ; on la provigne tous les ans pour ses rajeunissements quindécennaux; il en meurt tous les ans par l'oïdium, le cottis ou par trop longue occupation du sol. Laissons donc toutes les prédictions des alarmistes et plantons la vigne avec confiance pour peupler nos campagnes qui ne sont pas peuplées, pour produire de l'argent que les autres cultures ne donnent pas, et pour aider et augmenter ces autres cultures par les produits et les bras de la vigne; mais surtout produisons le vin qui fortifie et active le corps, qui réchauffe le cœur et qui anime l'esprit. Je vous assure que cela vaut mieux que de faire de l'esprit de betterave, de topinambour et de grain. Marchons donc hardiment vers le bien et le bon que la Providence nous montre aujourd'hui, et soyons assurés qu'elle pourvoira au nécessaire du lendemain. »

PARTICIPATION A LA RÉCOLTE.

M. Guyot l'a rencontrée dans le Cher. Dans Saône-et-Loire, la plus grande partie des vignes est cultivée à moitié fruits. Là où l'exception apparaît le plus, c'est dans le Châlonnais, à mesure surtout qu'on approche de la Côte-d'Or, où toutes les vignes des propriétaires sont faites à la tâche, sans participation aucune. Aussi, n'est ce que dans cette partie de Saône-et-Loire qu'on se plaint amèrement de l'insuffisance et de la cherté de la main-d'œuvre ; mais là aussi les gros cépages augmentent, les qualités des vins diminuent et les récoltes des propriétaires-bourgeois sont de plus en plus faibles et aléatoires.

M. Guyot désigne encore plusieurs propriétaires entrés dans cette voie de participation qu'on rencontre également dans le Beaujolais.

Ce sont MM. de Champvans, Desvignes, M. le sénateur baron Chapuys de Montlaville, dans son domaine de Chardonnay, M. le comte de La Loyère, à Savigny, etc.

Dans l'Aube, M. le docteur Carlot accorde la 21e pièce ; ailleurs, c'est la 10e ou la 5e en sus du prix de façon. Là, dans ces mêmes départements, où cette participation n'est pas appliquée, M. Guyot constate accroissement de dépenses d'une part et diminution de récolte ; aussi le propriétaire est-il aux abois. C'est ce qui se passe dans l'Yonne et ailleurs encore. Trop heureux le bourgeois quand le vigneron ne joint pas à l'indifférence une déplorable politique qui précipite la crise, c'est-à dire même la vente ou l'abandon de sa vigne par le propriétaire. « Je soutiens, ajoute-t-il, que sans rien changer à ses prix de façon ou de journée, le propriétaire qui donnera en sus le dixième ou même le cinquième du produit, sera rémunéré largement et se débarrassera de la plupart de ses déceptions viticoles, surtout s'il applique son intelligence à guider ses vignerons. »

« L'intérêt accordé à l'ouvrier rural sur la chose qu'il
» concourt à produire ne satisfait pas seulement la conscience,
» il constitue en outre une très-habile et lucrative spécula-
» tion ; il achète pour peu de chose l'énergie, l'intelligence et
» le dévouement de l'homme, trois facteurs du travail hu-
» main qui ne se vendent pas et qu'on ne livre à aucun
» prix fixé à l'avance. »

PROVIGNAGE.

Les pineaux noirs et blancs sont, parmi les cépages de la Bourgogne, de la Champagne et de la Lorraine, des plus énergiques et des plus hardis dans leur végétation, et s'ils produisent malgré les tailles à court bois, ce n'est que grâce au provignage qui donne souterrainement l'extension obligatoire, indispensable à leur existence. Ne serait-il donc pas plus rationnel de la lui donner extérieurement, les longs bois des branches à fruit se chargeant de raisins ?

Une des principales causes de la décadence des vignes en foule ou autres provignées, c'est l'occupation permanente de la même terre par ce système. La vigne ancienne toujours provignée diminue de fécondité en raison de sa durée, à

moins que le provignage ne devienne de plus en plus fréquent.
Mais que de frais! Le provignage dans la Côte-d'Or coûte 180
à 200 fr. l'hectare. Que de difficultés! Les souches souterraines qui augmentent sans cesse refusent une terre suffisamment profonde et une suffisante superficie. Ces vieilles
souches deviennent l'occasion et les réceptacles de parasites
animaux et végétaux qui désolent les vignobles à des époques
plus ou moins rapprochées.

RÉFORMES.

Nous avons cité les réformes exécutées par M. de La
Loyère ; ces réformes datent de l'hiver 1860-1861, d'abord
trois hectares, ensuite deux hectares en 1861, puis cinq
autres. « Le succès a été complet. » Voici du reste les rapports exacts constatés : vignes cultivées à la méthode ordinaire, produit, 2 ; — vignes réformées, première année, 4 ;
— vignes réformées, deuxième année, 7. »

« M. le vicomte de La Loyère s'est mis à la tête d'une réforme des
plus importantes et qui aura chez lui les mêmes résultats heureux
qu'elle amène partout. C'est la substitution des animaux de trait et
des instruments aratoires à la main-d'œuvre de l'homme, pour les
grosses cultures de la vigne.

» Plus de quarante hectares sont aujourd'hui plantés et cultivés
ainsi avec succès dans son magnifique domaine. Il se propose de
doubler et de tripler cet espace, tout en faisant de larges expériences
sur les différents cépages, sur les différentes tailles, et surtout en
étudiant les combinaisons économiques qui peuvent multiplier les
familles rurales, en assurant leur bien-être et leur stabilité, ainsi

que les profits du propriétaire ; condition sans laquelle aucune institution agricole n'est viable.

» Toutes les vignes de M. de La Loyère sont plantées en lignes de quatre-vingt-dix centimètres à un mètre trente centimètres de distance, les ceps à soixante centimètres dans le rang ; les ceps y sont essayés partie à long bois, partie à coursons. La charrue Ménager, dont M. de La Loyère est on ne peut plus satisfait, et qui fonctionne en effet à merveille entre ces lignes, cultive un hectare avec un cheval et un homme dans une demi-journée, de façon qu'il suffit de quatre journées à un seul vigneron pour en compléter la culture, entre les ceps, dans la perfection. C'est une économie de temps et d'argent d'au moins douze journées d'homme par hectare et par façon de culture, c'est-à-dire de trente-six à quarante-huit journées par hectare et par an.

» Toutes les vignes sont et seront palissées sur fil de fer galvanisé N° 11, porté sur simples mais solides échalas, ce qui réduit à moins de 500 francs par hectare l'avance du palissage, et son entretien à moins de 25 francs par an.

» Il est impossible d'établir et de suivre des améliorations de viticulture avec plus de sûreté, avec plus de succès que ne le fait M. de La Loyère, au milieu des critiques les plus ardentes et les moins fondées. Des hommes bien posés m'affirmaient que les moûts de ses vignes de pineau réformées marquaient quatre et jusqu'à cinq degrés glucométriques au-dessous des moûts de ses vignes restées sous la conduite générale, alors qu'en 1862 j'avais constaté moi-même, en recueillant les raisins à comparer et en en exprimant les jus, un demi-degré de plus en faveur de ses vignes réformées ; alors qu'en 1864 je venais de constater l'identité la plus parfaite entre la maturité des raisins des vignes anciennes et des raisins des vignes en lignes, maturité égale à celle des meilleurs crus que je venais de visiter. Heureusement la passion est aveugle et elle manque toujours le but qu'elle voudrait atteindre, en le dépassant ; sans cette exagération facile à constater, aucune transformation, aucun progrès ne seraient possibles.»

M. Véry, à Bouze, a fait de même pour de nombreux hectares. Dans l'Aube comme dans l'Yonne, M. Guyot a eu également la satisfaction de rencontrer des essais de transformations, tous couronnés des mêmes succès.

Châlons, imp. T. Martin.

T. M.

www.ingramcontent.com/pod-product-compliance
Lightning Source LLC
Chambersburg PA
CBHW071301200326
41521CB00009B/1872